未来科学家培养计划
科学启蒙·探索·研究系列

– NEW物理探索 走近力声光电磁 –

电磁之交

主 编　关大勇　吴於人

编 写　邹 洁　姚黄涛　黄晓栋　单 琨　来宇航　潘梦萍

　　　　徐小林　张 悦　李天发　高俊杰　江俊杰　严朝俊

　　　　沈旭晖　夏保密　赵 丹　张增海　邹丽萍

◆ 在潜移默化中接受科学研究基本训练
◆ 在不知不觉中学习鲜活的物理知识点
◆ 在战胜实验挫折中体验科学研究乐趣
◆ 在质疑探索、合作交流中感悟科学精神

复旦大學出版社

物理学是最重要的基础科学，它不仅让人们认识"万物之理"，而且让人们学会认识事物的思维方法，这是一切物质科学的基元科学。离开了物理学，就没有电子信息技术、没有光学工程技术、没有材料工程技术、没有机器制造技术等。用一句话来说，没有物理学就没有现代工业技术，也没有现代社会。物理学要从小就学起来。

我手中看到的是一套物理教育书稿：有 4 册《NEW 物理启蒙 我们的看听触感》为小学生而写，旨在让孩子们通过自己的感官，实践科学探索；另有 4 册《NEW 物理探索 走近力声光电磁》为中学生而写，希望中学生在正式学习物理课程之前感受物理的魅力、养成研究的习惯。

这是一套有特色的书。不少物理知识的学习是从玩具和新奇现象切入，引发孩子们的兴趣，然后引导孩子通过科学探索，寻找规律，玩出花样，玩出感悟。书中的很多有趣现象对于小学生、中学生和大学生，都可以发掘到适合自己的研究课题。根据学生的年龄特点，这套书中设计了不少有效激励的游戏和竞赛；鼓励挑战权威，敢于质疑；内容传承经典，又与前沿交融；研究中和研究后均注意鼓励文字记录和表述，以及语言的相互交流。

看到书中有趣的物理玩具，不禁使我想起自己的少年时代。我曾是一个喜欢物理的学生，喜欢做实验，喜欢捣鼓自己的创意小制作。兴趣真是好老师！

当今科学技术日新月异，教育技术也随之改变。在上海这样的大城市，传感器数据采集实验系统、电子书包、微课程平台，以及 VR 和 AR 等现代技术的影子相继在学校出现。科学技术的提升，家庭生活的改善，使孩子们玩电子产品驾轻就熟。显然，一方面是"天高任鸟飞，海阔凭鱼跃"，国家教育的投入越来越多，孩子们的学习环境越来越好；另一方面是"机器人抢饭碗""未来的竞争更为残酷"，这样的说法让家长们人心惶惶。所以，未来社会非常需要的研究型人才、创新型人才、工匠型人才，如何才能有效地进行培育？教师和家长又该如何进行引导、言传身教？课堂教育和课外活动如何给予学生高尚理念、家国情怀？学校和社会如何给予青少年更多发展空间，更好地培养他们未来展翅飞翔的潜能？这才是最重要的。

不久前，FAST 这个我国自行研制的世界最大单口径（500 米）射电望远镜，在调试阶段已探测到数十个脉冲星候选体；"墨子号"在国际上率先实现千公里级量子纠缠分发；中国的北斗星导航系统已是我国国防不可或缺的坚固保障，同时也撑起了一片创新生态。据报道，谷歌的 AI 子公司 DeepMind 研发的 AlphaGo Zero 可以自学，经过 3 天的自我对局，Zero 变得足够强大，可以一举击败原来版本的 AlphaGo。一项项改变未来、改变我们生活的现代技术让我们享用，让我们大开眼界。应该明白,这些技术的发展依赖科学理论的支撑和科学的研究方法,依托有不断学习精神和学习能力的人的发明创造。

这套书的作者希冀借助物理研究方法的启蒙,培育青少年的物理思维能力和发明创新潜能。物理可以视为自然科学的核心,视为新技术源源不断的源泉。物理图景探索、物理技术运用和物理研究方法已经渗透各行各业。所以,青少年学生和家长不要害怕物理,而是要尝试喜欢物理,并积极主动学习物理。培养物理思维能力,会让你受益终身。

物理其实不难,非常生动有趣;物理世界的图景令人豁然开朗,可以在实际中运用。喜欢物理的同学,或是被物理的神趣和挑战所吸引,或是在物理学习中体验到成功和登高远眺的境界。这套书努力让读者感受物理,让读者亲近物理。希望孩子们有越来越多的机会沉浸在能够激发学习兴趣、激发探索潜能的学习环境中。这套书对教师们来说更是任重而道远,要努力探索,让学生掌握课程的知识点并熟练运用,培养学生热爱物理,激发学生终身学习的动力和培养学生终身学习的能力。

中国科学院院士

2017 年 10 月于上海

长期以来，同济大学的大学物理教师一直在探寻更为有效的物理育人方法。在课程设计中强化实践探索，努力为学生构建可引导自主研究的学习环境。五彩缤纷的物理演示实验、物理探索实验、物理仿真研究计算机系统，以及物理研究课题竞赛等软硬件系统建设，均对学生研究能力的提高起到了积极推动的作用，也取得了一系列教学成果。10年前，同济大学在上海市科委和上海市教委的支持下，成立了上海市青少年科技人才培养基地——同济大学物理实践工作站，将注重实践的理念运用于青少年科学素养培育中，将物理的有趣和神奇、物理的无所不在和推动社会发展的力量展现在大家面前，激励了许许多多的青少年。

现在，曾经的同济大学物理实践工作站创建人——一位热心的退休物理教师和当时工作站的副手——一位同济毕业的物理博士将此教育理念继续发扬，创建了"未来科学家培养计划"系列课程，研发着"科学启蒙·探索·研究"系列教材，在此对即将出版的这套丛书表示祝贺。

物理学是人类文明和社会发展的基石，它所展现的世界观和方法论，深刻地影响着人们对物质世界的基本认识、人们的思维方式和社会生活。物理学的学习，对于人们树立科学的世界观、增强分析和解决问题的能力、培养探索精神和创新意识等，具有不可替代的作用。同时，物理学发展至今所创建的科学体系又是如此的优美，它所体现的系统性、对称性和多样性等使之精彩纷呈、奥妙无穷，激励着无数有志青少年孜孜学习和探索。

如果将物理学习的过程比作攀登智慧的高峰，则从概念到概念、从公式到公式的传统教学方法，往往会将学生引入一条乏味的登山之路，使学生难以体会攀登的乐趣，产生厌倦和难学的错觉。如果我们稍微关注一下物理学的发展历程，就不难发现物理学是一门起源于实践和探索的科学，物理学家对自然规律的认识过程是一个不断探索、发现、总结、质疑、试错、再探索的过程，并由此获得新知识、掌握新方法、成就新未来。这一过程尽管充满困难和挑战，但每一个新的困难和挑战均意味着又一段新的精彩旅程，可谓风景这边独好。

玩具中有物理，乐器中有物理，生活中有物理。有的现象有趣，有的现象很炫，有的现象神奇。这套丛书就是让同学们感受物理探索和研究的乐趣，并通过与学习同伴的合作和竞争，体验物理魅力，提高物理素养，感悟科学人生，成就未来发展。

教育部高等学校大学物理课程教学指导委员会主任

顾牧

2017 年 10 月于同济大学

"NEW 物理探索 走近力声光电磁"是一套中学生朋友一定会喜欢的物理科学探索丛书。作为一套适用于科学拓展课、兴趣课和探索课的教材,书中的很多研究是开放性的,是充满挑战的。上海市教育评估协会对这套教材所对应的课程组织了评估,肯定了课程设计和建设的科学性和先进性。引入该课程的学校逐年增多,课程在学生中大受欢迎。

基于神奇的物理现象及其应用,丛书中反映的课程吸引学生步步深入,情不自禁地在潜移默化中接受科学研究的基本训练,在探索有趣的未知中学习物理知识,在不断克服困难、战胜挫折中体验研究的乐趣,在认真体会科学家的研究精神中感悟做人的道理。

丛书主编长期从事青少年科学素质教育及创新意识启迪的研究工作,并有丰富的教学实践经验,因而书中处处彰显引导的魅力,一步步引领着学生深入地探索科学。学生读书的过程就是科学研究的过程,就是在科学家的道路上跋涉成长的过程。

很多家长生怕孩子学不好物理,哪怕是中学在八年级才开始学习物理,家长们还是在孩子六年级时便把他们送进各类物理补习班、提前学习物理。如果这类提前学习是基于应试教育的,对孩子自身学习兴趣的培养及学习习惯的养成就会有很大的副作用。而我们的这套教材则不同,着重于激发学习兴趣,教授学习方法,引导学生自己通过实验总结科学规律。丛书涉及的物理知识与中学物理教科书中的内容不完全相同,教学过程则完全不相同。学生在将来学习中学物理时,不会因为学过而对物理学习失去兴趣,而且还会自觉利用本课程的学习思路去分析问题,这将有利于透彻理解和正确应用物理知识。

丛书共有 4 个分册,分别是《力所能及》《闻声起舞》《光影绚妙》和《电磁之交》。我们建议从初中预备班开始,将丛书作为相关创新实验室的拓展教材或者科学类选修课教材,高中生甚至相当优秀的高中生也值得将研究丛书内容作为自己研究物理、尝试 STEM 研究模式的学习过程。也就是说,学生从初中到高中,这套丛书可以源源不断、步步深入地给予学生启迪。

如果学校没有开设这类课程,对孩子有信心的家长和敢于挑战的同学,也可以和这套丛书"做朋友",自学自研书中有趣的物理内容。丛书主编也十分希望能通过网络、移动通讯、各种活动等机会和大家做朋友,一起探讨科学问题。

丛书由智勇教育培训有限公司"未来科学家培养计划 科学启蒙·探索·研究系列"编写团队和上海师范大学物理课程与教学论、学科教育(物理)专业的研究生共同编写,参加编写的有邹洁、姚黄涛、黄晓栋、单琨、来宇航、潘梦萍、徐小林、张悦、李天发、高俊杰、江俊杰、严朝俊、沈旭晖、夏保密、赵丹、张增海、邹丽萍。书中没有注明出处的图片大部分源自智勇教育、教师同行、亲友和历届学生们的提供,部分为 CC0 协议和 VRF 协议共享版权图,马兴村先生为丛书作了手绘图。在此向各位合作者一并表示衷心感谢!

编　者

2017 年 5 月

比喻好朋友之间坚不可摧的友谊,可以用金兰之交、患难之交、忘年之交和莫逆之交等成语,电(electricity)与磁(magnetism)的关系也如好友一样十分"亲密",我们在这里用"电磁之交"来描述电和磁之间的"友谊"。让我们一起来研究有趣的电磁现象,看看电与磁是如何形影不离的吧。

在生活中,磁生电、电生磁的例子很多,如发电机(generator)、电动机(electric motor)、电磁铁(electromagnet)、变压器(power transformer)等,它们都是生活中离不开的装置。我们每个人都离不开的现代无线信号,更是磁离不开电、电也离不开磁的典型例子。让我们努力探索电磁现象,构建自己的电磁学知识基础。要知道无论是现代人还是古代人,无论知晓电磁知识还是对它一无所知,都无法躲开身边的电与磁。电磁存在于大自然,也存在于生物体内,当然包括我们人类。人身上在哪里体现着电与磁?你知道多少电和磁?

第 13 章

电 彩 纷 呈

感谢第二次工业革命,让电逐渐进入千家万户。随着对电的深入探索,人类开始越来越深入地了解电、应用电。虽然我们还不能控制闪电,但我们应用很多手段使一些其他形式的能量转化为电能(electric energy)。现在的人类文明,很大程度是建立在电和电能的研究和应用基础之上。

电在生活中早已不可或缺,但是你了解电吗?本章将通过我们自己的实验研究,来揭开电的神秘面纱,近距离感受电的魅力。需要注意的是,课堂上的各类实验器材和各个实验环节,都是老师们精选和处理过的,大家可以放心地进行实验,但在其他场合一定要注意用电安全。

§13.1 韦氏起电大玩具

看看下面这幅美丽的图片(图 13 - 1),整个夜空都被电涂抹上美丽的色彩,你是不是

图 13 - 1　电让我们的生活更美好

对电更加热爱和好奇呢？光看还不够,是不是还想用手摸一摸？与电亲密接触的感觉到底怎样？下面将通过一个装置制造电压(voltage)达到万伏以上的电,有没有勇敢的同学来体验一下"触电"的感觉？——注意！没有老师指导,自己千万不要尝试,电会很危险！

至于什么样的电危险,什么样的电不危险,学完后你将十分清楚。

§13.1.1　勇敢者游戏

这个勇敢者游戏的主要道具是静电感应(electrostatic induction)起电机,也称维氏起电机(图13-2)。它是由英国的维姆胡斯于1882年创造的。这种起电机历史悠久,生命力旺盛,至今仍广泛应用于教学中。

图 13-2　静电感应起电机

体验轻微的电击

实验器材

静电感应起电机。

实验步骤

(1) 调节两根电刷杆,使两者互相垂直。

(2) 调节两根放电杆,使顶端的金属小球相距1～2厘米。

(3) 转动手柄,观察金属小球间的现象：

_____

(4) 将两个小球碰靠一下(知道这样做是为什么吗)。

(5) 使金属杆保持竖直状态,两小球分开较远距离,再次转动手柄,观察现象：

_____

(6) 再将两个小球碰靠一下(知道这样做是为什么吗),然后分开两个小球,使其距离尽可能远。

(7) 同学们手拉手围成圈(图13-3)。圈中第1位同学用一只手接触金属小球,圈外一位同学慢慢转动手柄发电。转动的圈数视人数和天气而定：人越多,天气越潮湿,转动的圈数越多；人少、天气干燥的话,转动3圈即可,不要超过10圈。圈中最后一位同学用一只手背短暂接触另一个金属小球。会有怎样的感觉产生呢？

_____

实验总结(如果有若干条实验总结,应该与实验步骤一样,有条理地用(1)、(2)、(3)等序号分开。)

_____

_____

实验提示

（1）电荷有两种，一种是正电荷（positive charge），另一种是负电荷（negative charge）。正负电荷相遇会中和，物体呈现出电中性，也就是看上去不带电。

（2）转动静电感应起电机手柄，起电机发出的正电荷和负电荷分别聚集在两个小球上。

（3）当两个物体相互靠近，物体间的空气被击穿而发出"啪啪"的电火花时，两个物体间的电位差能达到每厘米3万伏，也就是说，如果两个物体分开2厘米，电火花，"啪啪"响个不停，那么，两个物体间的电位差可能达到6万伏。

图 13－3　勇敢者的游戏——需要谨慎小心的科学体验

　　刚才大家经历过被万伏电压击中的感觉了吗？是不是一定很刺激？我们看见了电火花、品尝了被电麻酥的感觉，那么，究竟电是什么呢？刚才的实验中还有问题没有解决吗？

　　在"体验轻微的电击"实验中，将人作为导体联通在两个金属小球之后，原本静止在两个小球上的电荷流动形成电流（electric current）。由于电荷量不多，电流瞬间放电之后静电就消失了，因此不会有触电身亡的事故发生。

　　家里插座两孔中的电压差值为220伏，但是其电压是连续的，一旦与人体导通，会有持续的电流通过人体，会导致致命的伤害。所以，提醒大家注意，千万注意安全用电！一般认为,空气干燥时,人体的安全电压是 36 伏;潮湿时,人体的安全电压是 12 伏。在涉及用电方面的操作时,若自己不能确定如何安全使用,应当向专业人士咨询。

思考讨论

（1）观察静电感应起电机,说出它由哪些部分构成。

（2）分析与猜想静电感应起电机是如何发出电的。

静电感应起电机的发电原理很难。如果你的猜想被同学驳倒,就暂时放一放,先跟着课程继续研究。

§13.1.2 勇敢者不是莽夫

我们刚才感受到触电的滋味。如果要检测一个物体带不带电,是不是每次都要触一下电呢?那样也太可怕了吧,一定要触碰也会有科学方法!

静电验电器(图 13-4)是检验静电的仪器。各种用电器使用的交流电不能用这个静电验电器来检验。检验交流电要用验电笔(图 13-5)。

图 13-4 检验静电的验电器

图 13-5 检验交流电的验电笔

实验探索 ▶▶

体验与自制静电验电器

实验器材

静电感应起电机,验电器,粗吸管,铝箔,剪刀。

实验步骤

(1) 慢摇几圈静电感应起电机手柄,使电杆上的小球带电。

(2) 用粗吸管接触一下起电机的一个小球后,立刻接触验电器小球,观察金属箔的张角变化:

_____

(3) 用粗吸管接触一下起电机的另一个小球后,立刻接触验电器小球,观察金属箔的张角变化:

_____

(4) 分析验电器原理,利用吸管和铝箔自制简易验电器,并检验效果。

实验总结

_____

_____

_____

从以上实验中可以发现感应起电机两个小球所带电荷的性质不同。其实,电荷分成正电荷和负电荷,同种电荷之间相互_____,因此,验电器带电后,金属箔会张开;而异种电荷相互_____,两种电荷相接触后会发生中和。

图 13-6　分离胡椒粉与盐

除了以上特性,带电物体还有其他特性吗?这里,想请你帮我解决一个难题:早晨在厨房时,我不小心将胡椒粉与盐混在一起(图 13-6),你有没有什么好方法能帮我快速分离开胡椒粉与盐?

实验探索 ▶▶

○ ○

快速分离胡椒粉与盐

实验器材

胡椒粉和盐,塑料勺子,餐巾纸。

实验步骤

(1) 在餐巾纸边角处撕下一点纸屑放在桌上,用张餐巾纸摩擦塑料勺子,然后将勺子靠近纸屑,可以看到纸屑被吸在勺子上。(知道这是为什么吗?)

(2) 将胡椒粉和盐均匀混合。

(3) _____。

实验结论

_____

_____

_____

实验提示

对于实验步骤(1)中"为什么",可能有人会回答,是因为带电物体会吸引轻小物体。没错,但是为什么带电物体会吸引轻小物体呢?

(1) 在自然现象中,只有万有引力和电磁力可以做到物体间相互不接触而相互施力。当上述远程作用力存在,相互不接触的物体间便存在着被称为"场"的物质。它可能是万有引力场,也可能是电场(electric field)或者磁场(magnetic field)。当然,这几种场也可以同时存在于同一空间中。

(2) 同种电荷相互排斥,异种电荷相互吸引。

(3) 当物体周围没有带电场影响时,物体中正负电荷虽然不是很"老实",都在"动来动去"(正负电荷"动"的方式和激烈程度是不同的),但是在宏观上物体是电中性的,也就是正负电荷分布均匀。

(4) 当物体周围有电场影响时,物体中的正负电荷在电场的作用下分布就不均匀了。这时,由于绝缘体中没有自由电子,而导体中存在自由电子,绝缘体和导体中的电荷在电场的作用下表现是不同的,如图13-7所示。

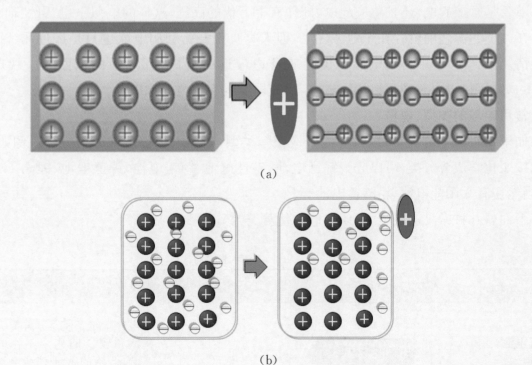

(a)

(b)

图 13-7　有电场作用后绝缘体和导体中的正负电荷分布变化示意图;(a)所示为绝缘体,(b)所示为导体

(5) 在外电场作用下,导体中由于自由电子的运动而导致的电荷重新分布,称为静电感应现象。

思考讨论

为什么在分离胡椒粉与盐的实验中,胡椒粉和盐可以不同时被吸起来?

在上述实验中,你做了什么动作,导致了什么结果? 这个动作和结果可以用一个四字物理词汇来表示,那就是摩_____起_____。

§13.2 探寻"能量块"

科幻电影和游戏中常常会出现"能量块"的概念,很多人希望自己也能拥有超级"能量块"。其实科学家就在研究如何将越来越多的电能存储在越来越小的"能量块"中,使人们的生活和工作越来越便捷高效。

不管是摩擦起电,还是感应起电,即使有上万伏的高压,这样的电似乎也"野性难驯"。电早在人类起源之前就存在于地球之上,但人类真正开始利用电能也只是最近几个世纪的事情。如何储存并利用电能? 我们从身边最近的手机说起,手机里面有一块电池(battery);手机没电时还可以用充电宝,而充电宝其实也是一块电池。

常用电池的类型、规格

如果要将电池分类,可以将电池分成很多类型,当然也有很多种分类方法。例如,把电池按照化学成分分类,可以分为锌锰电池、碱性电池、镍镉电池、镍氢电池、锂离子电池等,当然还有太阳能电池、铅酸蓄电池等。

下面就几种常见的电池,来谈它们的优势、劣势(表13-1)。

表 13-1 几种常见电池的对比

名称	图示	优势	劣势
锌锰电池(干电池)		价格低廉。	电容量低,不适合需要大电流和较长期连续工作的场合;低档的普通锌锰电池会漏液、损坏电器。

名称	图示	优势	劣势
碱性电池 （碱性锌锰电池、碱性干电池）		电量较为持久，输出稳定，而且不漏液。	价格相对普通锌锰电池要高，但性价比也高，逐步取代了普通锌锰电池。
镍镉电池		可重复500次以上的充放电，经济耐用；其内阻很小，可快速充电，可以提供大电流，使用时电压稳定。	容易产生记忆效应，使用不当很快失效。
锂离子电池		贮能密度较高，可以减轻重量。	成本较高。
太阳能电池		节能环保，只要被满足一定照度条件的光照到，瞬间就可输出电压及在有回路的情况下产生电流。	需要合适的条件（足够的光线照射），才能使用。

表 13-2　3种常见规格的干电池

规格	图示	说明
SIZE AAA 电池 （7号电池）		7号电池比较常见，多用在遥控器等对体积有限制但耗电量又不太大的场合，大多是多节组合使用。
SIZE AA 电池 （5号电池）		5号电池比7号电池要大一点，此种电池常用于电动剃须刀、电子玩具、数码设备上，大多是多节组合使用。
SIZE D 电池 （1号电池）		1号电池在三者之中体积最大，一般用于玩具、收音机、手电筒、电子点火用具等设备。

　　干电池是大家最熟悉、实验中也会经常用到的（表13-2）。干电池由糊状电解液和两个相互不接触的电极构成，两个电极部分浸入电解液、部分露在外面。

　　干电池是怎么发电的？我们来探秘蔬菜水果电池，就可以大致了解干电池的工作原理。图13-8是同学们尝试用水果电池驱动小车前行。

图 13-8　水果电池车

实验探索 ▶▶

制作土豆电池

实验器材

土豆,铜片、铁皮、铝片、锌片,电压表等。

实验步骤

(1) 选择_____和_____做电极,插入土豆并连接电压表,

发现:_____;

(2) 选择_____和_____做电极,插入土豆并连接电压表,

发现:_____;

(3) 选择_____和_____做电极,插入土豆并连接电压表,

发现:_____;

(4) 选择_____和_____做电极,插入土豆并连接电压表,

发现:_____。

实验结论

_____

_____

_____

思考讨论

土豆电池的电压与哪些因素有关?请设计实验论证。

　　土豆电池的原理与我们平时见到的电池原理相同,都是将化学能转化为电能。电池还有个好"兄弟"叫电容,电容顾名思义就是电的容器,这两个兄弟之间有什么联系和不同呢?下面先来看静电乒乓实验。

实验探索 ►►

○○○○○○○○○○○○○○○○○○○○○○○○○○○○○○○○○○

静电乒乓

实验器材

绝缘细绳,乒乓球,铝箔或锡纸,不锈钢盘子,绝缘的盘子支撑物(如泡沫块),静电感应起电机。

实验步骤

(1) 参考图13-9所示的静电乒乓演示仪,自制静电乒乓演示仪(图13-10)。要在乒乓球上包一层铝箔或者锡纸,是因为:

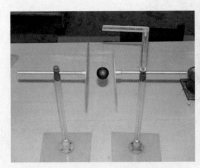

图 13 - 9　静电乒乓演示仪　　　　图 13 - 10　自制静电乒乓演示仪

_____

_____

(2) 将静电乒乓演示仪上的平行导体板分别连接在静电感应起电机的两极,转动起电机手柄,观察小球的运动:

_____

_____

(3) 突然停止转动手柄,观察小球的运动:

_____

_____

实验结论

_____

_____

_____

　　静电乒乓的这两块平行板构成了一个简易的电容器(capacitor),通电后电容器被"充电",左右两板带上异种电荷,产生电位差,这和电池有相似之处。只不过电容器是物理储能器,没有化学反应发生,而电池则是化学储能器。

电容和电池在性能上又有什么差异呢? 对于相同质量的电池和电容,电池能储存更多的电能,而充电放电速度有限;电容则能在一瞬间充入或放出大量电能,不过所储能量有限,这是它的"短板"。在工程中可以将电容和电池结合起来,优劣互补。

图 13-11① 中的公交车运用了电池、电容混合动力,在启动加速阶段利用电容放电快的特点,而锂电池则被用于提供长距离恒速运行时的能量。

图 13-11 电池电容混合动力汽车

思考讨论

(1) 除了电池和电容,你还知道其他类型的储能器吗? 说说它们的原理。

(2) 废旧电池的回收再利用一直是个老大难问题,你能给出一些解决方案吗?

除了土豆可以发电、电容可以储能,我们人体也是一个电源。人体的感觉是通过神经电信号进行传递的,这种电信号非常微弱,但是却反映了人体的生理特征,如脑电、心电、肌电、胃电信号等,在医院这些也是非常常见的检查项目。下面我们通过一个小游戏来感受人体脑电波的力量。

 ▶▶

比比谁的注意力更集中

实验器材

脑电波游戏仪。

---

① 图片来源:http://news.sina.com.cn/c/p/2007-09-18/225413919336.shtml。

实验步骤

(1) 两名同学分别戴上脑电波传感器,打开游戏开关。

(2) 集中注意力注视小球,使小球向对方移动(图 13 - 12)。

(3) 小球达到仪器一端,比赛结束,离小球远的一方胜出。

图 13 - 12　脑电波小游戏

实验讨论

请胜负双方分别谈谈比赛时脑中所想内容和比赛感受。

§13.3 安全第一

　　电使用不当可能会导致非常危险的结果。电路(electric circuit)可以安全地承载特定强度的电流。如果电路所承载的电流超过一定的安全值,就会引起火灾,甚至危及生命安全。所以,我们在感受"电"的魅力同时,也一定要注意日常用电的安全和规范,对自己不清楚的地方应当及时询问家长或者老师。

　　在表 13 - 3 中列出了一些较为关键的室内和室外的安全用电守则。

表 13 - 3　室内和室外的安全用电守则

在家中	(1) 要购买具有相关资质的安全电器。 (2) 在检查和修理家用电器时,必须先断开电源;不要私自乱拉、乱接电源。有疑问时应当及时询问家长。 (3) 不要用湿手接触带电设备,不要用湿布擦抹带电设备。 (4) 不要把很多种用电器的插头插在一个电源插座上,这样可能会导致线路超负荷,引发危险。 (5) 对金属外壳的家用电器要采用接地保护措施,不要切断三角插头的接地插脚。

续 表

在学校	(1) 在日常学习、活动中应当遵循和家中一样的用电规范。有疑问应当及时向老师报告。 (2) 在实验过程中,不要把电源(如电池的正极与负极)直接用电线连接在一起,这时两者之间没有用电器将会导致短路①。 (3) 在实验过程中,连接完电路、准备合上开关之前请先咨询老师,查看连接电路是否符合安全标准。
在室外	(1) 不要在有电线的地方放风筝或者使用飞机模型。 (2) 不要随意触碰落在地面上的电线。不要在水池边或者有水的地方使用电器或者带电的电线。 (3) 不要向水中通入电流,自然界中的水能够导电;在洪水来临时,应当及时切断家中的电源。
在公共场所	(1) 应当使用规范的电器设备,不使用无牌、无证、没有保护措施的电器设备。 (2) 遇到突发状况、无法确定时,应当及时报告或者咨询身边的工作人员,不要随意自行处理。 (3) 应当遵循安全指南和规则,注意身边的警示标志,不要随意触碰警示物体。

思考讨论

（1）为什么有些插头是三眼、有些插头是两眼？

（2）为什么有些国家的插头和我国的不一样？

在我们平时使用的家用电器以及数码产品的背面,或者产品的标签上,你是否发现一些"奇怪"的标志?仔细观察我们周围的用电器或者数码产品,它们是否有表13-4中列出的这些标志?

表 13-4 认识几种安全认证标志

	3C认证是中国强制性产品认证制度(China Compulsory Certification,英文缩写为"CCC"),它是中国政府为保护消费者人身安全和国家安全、加强产品质量管理、依照法律法规实施的一种产品合格评定制度。
	"CE"(法语缩写,英文含义为"European Conformity",代表欧洲共同体)标志是欧盟市场的强制性认证标志,不论是欧盟内部企业生产的产品,还是其他国家生产的产品,要想在欧盟市场自由流通,就必须加贴"CE"标志,以表明产品符合欧盟《技术协调与标准化新方法》指令的基本要求,这是欧盟法律对产品提出的一种强制性要求。

---

① 短路:在电路中,导线直接连接电源两极,中间没有用电器,称为短路。由于导线的电阻很小,根据欧姆定律,短路时电路上的电流就会非常大,会造成电源损坏,导线的温度升高,甚至可能造成火灾。

续　表

"FCC"的全称是美国联邦通讯委员会（Federal Communications Commission），它直接对国会负责,通过控制无线电广播、电视、电信、卫星和电缆来协调国内和国际的通信,负责授权和管理除联邦政府使用之外的射频传输装置和设备。

　　除此之外,你还能在家用电器、数码产品上找到其他的标志吗？利用你的信息检索能力,解释这些认证标志的作用。

　　现代信息社会,接触新的电器是很平常的事情。但是要注意,每当你认识一位"新朋友"时,首先要学会阅读说明书！现代电子产品很多,如果打开就乱点、乱按、乱扭,这样的习惯很不好。特别是对实验仪器,如果不利用说明书,有可能会走弯路、耽误时间,还可能损坏仪表,甚至造成更大的损失。

实验探索 ▶▶

你的阅读体会

实验器材
一份电器或数码产品的说明书。

实验步骤
(1) 阅读说明书的产品使用部分,说出该产品应该如何使用。
(2) 阅读说明书中的注意事项,说出在使用该设备时应当注意哪些事项。
(3) 阅读说明书中的故障排除与诊断部分,说出在该产品遇到问题时应该如何解决。

分享与交流
将实验收获、实验心得与同学们一起分享。

§13.4　水有水路,电有电路

　　我们能够把电荷"驯服",用小小的电池和电容把它收纳其中。但如何才能再把电"释放"出来呢？ 在做静电感应起电机实验时,大家体验到触电的感觉,了解了仅有电还不行,必须手拉手绕个圈、把手搭在起电机的金属球上。可见,要让电流传递就必须有导体构成的回路。

§13.4.1 搭电路

我们不妨用水路来模拟电路(图 13-13),水往低处流,但可以用抽水机来提升水位。电池就好比抽水机,它有正负极之分,正电荷从正极(positive pole)流出,又从负极(negative pole)流回电池,从而产生电流,可见电池的正极电位高、负极电位低。灯泡等耗能元件就好比水车,它消耗能量;开关则好比阀门,可以切断回路,从而阻止电流的流动。

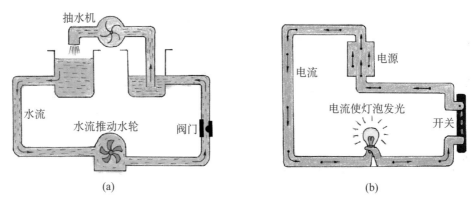

图 13-13 **电路的形象化理解**

接在电路中的电池两端的电位差被称为电压。很多电器需要一定的电压才可以正常工作。电压可用字母 V 或者 U 表示,单位是伏特(V)。

电流流过用电器,单位时间内流过的电荷越多,电流强度(electric current intensity)越大。电流强度用字母 I 表示,单位是安培(A)。

电流流过导线,流过用电器,都会有阻力,电路中的这些阻力称为电阻(electric resistance)。电阻很像摩擦阻力,有的时候是魔鬼,有的时候是天使。这是因为我们有时希望减少电阻以节约电能,有时又希望利用电阻为我们工作,比如有时希望增大电路中的电阻以防止电流过大而烧坏电器。电阻用字母 R 表示,单位是欧姆(Ω)。人们会设计电阻元件,以满足各种电路设计需要。

表 13-5 给出电路的基本原件及其画法。

表 13-5 **主要电路元件及图示**

小灯泡		⊗	电压表		Ⓥ
电源		⊣⊢	电阻		▭
开关		⟋	电容		⊣⊢
电流表		Ⓐ			

思考讨论

(1) 除了以上元件,你还能查到其他电路元件及其画法吗?

(2) 图13-14是一个能让小灯泡点亮的最简单电路。你觉得是否应该再加上什么电路元件,使电路更完美?

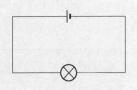

图13-14　最简单电路还缺什么元件

实 验 探 索 ▶▶

搭建花样电路

给你4个灯泡、两节电池、若干开关和导线,你可以设计出多少种电路,分别让1～4个灯泡亮? 设计时考虑让开关能够在不同位置控制每个灯泡的亮和灭,也可以让某些开关分别控制若干灯泡的亮和灭。

每设计出一种电路,都画出对应的电路图、标上序号,并将实际电路和电路图同时拍照留档。

比比看谁的设计种类多?

思考讨论

如何给不同设计的电路起个通用又科学的名字?

查查已有的电路通用名称:

§13.4.2　测电路

万用电表也称为多用电表,或简称为万用表(图13-15)。它是电子测试领域最基本的常用工具,经常以测量电压、电流和电阻为主要目的。根据内部结构,万用表分为指针式万用表和数字万用表。与传统的指针

图13-15　学生用万用表

式万用表相比,数字万用表的灵敏度高、精确度高、抗干扰性能好、过载能力强、便于携带、使用也更简单方便、显示清晰,从根本上消除了读取数据时的视差(想想看什么是视差)。

万用表由表头、内部测量电路、转换开关及表笔等4个主要部分组成(表13-6)。

表 13-6 万用表的各部分功能

组成部分	功 用
表头	显示测量结果。
测量电路	万用表内部的计算、转换流程,为最终的测量数值显示做准备。
转换开关	选择测量项目和量程,一般测量项目包括:直流电流(mA)、直流电压(V(—))、交流电压(V(～))、电阻(Ω)等。
表笔	接触被测量体,测量电压(或电流、电阻)时应将红表笔插入"V(Ω)"(或"A,mA")插孔、黑表笔插入"COM"插孔。

实验探索 ▶▶

玩转万用表

1. 表笔

将红表笔插入"V(Ω)/mA"插孔、黑表笔插入"COM"插孔。当测量大电流时,红表笔应当插入"10 A"插孔。

2. 测量准备

查看量程标签,选择合适的测量单位及量程(图13-16)。

(1) 直流电压:0～200 mV,0～2 000 mV,0～20 V,0～200 V,0～1 000 V;

(2) 交流电压:0～200 V,0～750 V;

(3) 直流电流:0～200 μA,0～2 000 μA,0～20 mA,0～200 mA,0～10 A;

(4) 电阻:0～200 Ω,0～2 000 Ω,0～20 kΩ,0～200 kΩ,0～2 000 kΩ。

图 13-16 一种万用表表面

3. 测量

(1) 直流、交流电压的测量:将测试表笔并联到待测电路元件或者电源两端,便可以读出显示值。

(2) 电流的测量:将测试表笔串接到待测电路中,便可以读出显示值。

(3) 电阻的测量:将测试表笔连接到待测电阻(此电阻需与电源断开)的两端,便可以读出显示值。

（4）当液晶显示屏只显示"1"时，表示其量程超载，应当更换更大的量程。

（5）若在数值左边出现"－"时，表明表笔极性与实际电源极性相反，此时红表笔接的是负极。

4．读数

显示屏上显示的数字再加上档位选择的单位，就是它的读数。

（1）在测量电阻时，在"200，2 000"档时单位是"Ω"；在"20 k，200 k，2 000 k"档时单位是"kΩ"。

（2）在测量电压时，在"200 m，2 000 m"档时单位是"mV"；在"20，200，1 000"档时单位是"V"。

（3）在测量电流时，在"200 μ，2 000 μ"档时单位是"μA"；在"20 m，200 m"档时单位是"mA"；在"10"档时单位是"A"（需要将红表笔插入"10 A"插孔，并先咨询老师）。

5．关闭万用表

使用后应将万用表的旋转开关转至"OFF"档。想想这是为什么？

实验探索 ▶▶

1．万用表的使用1：测电阻

注意事项

测电阻时，应将待测元件与电源断开。

实验器材

万用表，不同大小的电阻（图13－17）若干。

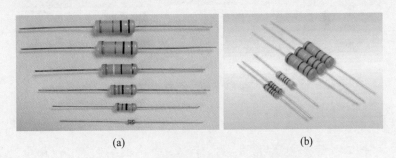

(a)   (b)

图 13－17 （a）碳膜电阻与（b）金属膜电阻

实验步骤

使用万用表的欧姆档，测出不同电阻的电阻值，并记录在自己设计的表格中。

实验记录

思考讨论

电阻采用不同的连接方式,会导致总电阻发生什么变化?

实验探索 ▶▶

万用表的使用2：测发光二极管

实验目的

了解万用表测发光二极管的基本方法,并利用发光二极管和贴片 LED 灯,制作纸电路贺卡。图 13-18 是五花八门的纸电路。

图 13-18　纸电路

实验器材

万用表,发光二极管和贴片 LED 灯,卡纸,单导铜箔胶带,钮扣电池,若干电阻,彩笔、铅笔,透明胶带,剪刀,直尺。

实验步骤

(1) 了解发光二极管的工作电压和特性。

(2) 用万用表测量发光二极管。

(3) 设计电子贺卡,并画出电路图。

（4）用导电胶带对电路元件进行连接。

（5）交流电子贺卡的创作。

思考讨论

（1）发光二极管有长短脚，你能发现长脚和短脚分别代表什么含义吗？

（2）假如发光二极管没有亮，你能借助万用表找到其中的原因吗？

单位时间内所做的功或者消耗的能量可以用功率（power）（P）来表示，功率的单位是瓦特（W）。在18世纪70年代，瓦特为蒸汽机的发展做出了杰出的贡献（图13-19），功率的单位就是以他的名字来命名的。

如何计算一只灯泡或一件电器所使用的电功率？这主要取决于两个因素：一是电流强度，二是电压，两者相乘之后就可以得到用电器的电功率，即

$$P = U \times I$$

额定功率是指用电器正常工作时的功率。用电器的额定电压乘以额定电流即为额定功率。若用电器的实际功率大于额定功率，用电器可能会损坏；若实际功率小于额定功率，用电器可能无法达到最佳状态。

图13-19　**詹姆斯·瓦特（1736—1819），英国发明家**

现代家庭都在使用很多电器，电器使用过程中会消耗电能（电能用字母 W 表示）、缴纳电费。家中的电费是怎么计算的？仅仅取决于功率吗？其实电能的使用由功率和时间两个方面决定。有些电器的功率比较大，如在一定时间内空调消耗的电能与电风扇在相同时间内所消耗的电能相比，肯定是空调的耗电量大。但是，如果只开半个小时空调，而电风扇开了几天几夜，那么电风扇所消耗的电能会比空调所消耗的电能更大。

一件电器的用电总量，也就是一段时间（t）内消耗的电能，等于功率乘以其使用时间，即

$$W = P \times t$$

我们经常会听到家长说上个月使用了多少度电，1度电是多少电能呢？

$$1 \text{度} = 1 \text{千瓦·时}$$

也就是说,一台 2 000 瓦的空调工作 1 个小时所消耗的电能是 2 度。

实验探索 ▶▶

万用表的使用 3:测算小灯泡功率

实验器材

小灯泡,开关,导线,电池组,万用表。

实验步骤

(1) 搭建一个小灯泡能正常工作的电路。

(2) 拆下小灯泡,使用万用表测量小灯泡的电阻。再次提醒:测电阻时需拆离电源测量。

(3) 使用万用表测量灯泡两端的电压和电池两端的电压。注意电压表并联测量。

(4) 使用万用表测量电路不同部位之间的电流。注意电流表串联测量。

(5) 计算出小灯泡的功率。

实验记录(尝试自己绘制图表。)

实验总结

_____

_____

_____

思考讨论

(1) 测量出的电压和电池有什么关联?

(2) 测量出的电流之间有什么关系?

○ ○

用电调查 1

实验器材

家用电器和电子产品及其说明书,手机或者相机。

实验步骤(实验须在父母的指导下进行。)

(1) 查看、读懂家用电器、电子产品的标签或者它们的说明书,用相机将关键参数拍照。

(2) 找出它们的额定电流、额定电压、额定功率等参数。

(3) 将调查结果记录下来,相互交流自己的发现和心得。

实验记录(尝试自己绘制图表。)

实验心得

_____

_____

_____

用电调查 2

实验器材

家中的电表、手机或者相机。

实验步骤(实验须在父母的指导下进行。)

(1) 在父母的指导下找到家中电表的位置,用相机拍照。

(2) 根据所学的知识,仔细观察电表中的各项数值。

(3) 关掉家中的电器或者是多开家中的电器,观察电表有何变化。

(4) 将观察结果记录下来,并且进行交流。

实验记录(尝试自己绘制图表。)

实验心得

_____

_____

_____

万用表的使用4：回收站里探电阻

实验器材

收集生活中的一些小物品,如钥匙、钥匙圈、泡沫塑料板、纸、铁钉、回形针、光盘等,物品的材料形式不限;若干带有鳄鱼夹头的导线,一根普通的导线,一个小灯泡以及一节1号电池。

实验步骤

(1) 取两根带有鳄鱼夹头的导线、一根普通的导线、一个小灯泡以及一节1号电池,将它们组成电路。

(2) 分别在鳄鱼夹中夹入你收集的物品,观察小灯泡的亮度变化情况。

(3) 使用学过的知识,用万用表测量电路之间的电压和电流,并将它们记录下来。

实验记录(尝试自己绘制图表。)

思考讨论

(1) 哪些物品是导体(conductor)？哪些物品是绝缘体(insulator)？

(2) 哪些导体的导电性能更好？

(3) 绝缘体可以变为导体吗？请用实验进行验证。

§13.5 妙手生电

电是如此重要,发电当然就更为重要。我们来尝试一下发电。

思考讨论

选取一种新能源发电技术,查阅资料并介绍其原理。

 实验探索 ▶▶

图13-20是一辆太阳能电池小车,你能自己做一个太阳能小车吗?

太阳能电池和太阳能小车

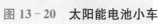
图13-20 太阳能电池小车

实验器材

太阳能电池板,导线,万用表,台灯,创作太阳能小车的必要材料,相关制作工具(剪刀、螺丝刀等)。

实验步骤

(1)测量太阳能电池在不同光照下的开路电压,并记录电压变化趋势。

(2)创作太阳能小车。

大比拼:以小组为单位,在小组内先选出跑得最快、最有创意的小车,然后进行小组之间的比赛。

思考讨论

(1)太阳能小车的车速快慢与光线亮度有什么关系?

(2)太阳能小车的车速快慢与太阳能电池板的大小、品种有什么关系?

实验探索 ▶▶

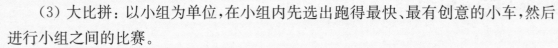

图 13-21 是一辆盐水小车,你能自己做一个盐水小车吗?

图 13-21　盐水小车

自制盐水小车

实验器材

盐水小车套件,相关制作工具(剪刀、螺丝刀等)。

实验步骤

(1)按照简易拼装说明搭建盐水小车。

(2)在实现基本功能的前提下,可以进行相应的修改、美化或者个性化处理。

(3)大比拼:以小组为单位,在小组内先选出跑得最快、最有创意的小车,然后进行小组之间的比赛。

思考讨论

(1)盐水小车的动力是无限的吗?

(2)比较盐水小车和水果电池在发电原理上的异同。

(3)研究盐水发电效率,你如何设计实验?(提示:首先要考虑是哪些物理量可以体现盐水发电效率的高低,其次分析可能有哪些因素影响盐水发电效率。)

§13.6　脑洞大开:我要认识更多的电子元器件

　　生活中的电路并不像之前点亮的小灯泡电路那么简单,除了电源、用电器、电阻等基本元件外,还包括形形色色的电子元器件,其中就包括已经集成的各种传感器。进行调查和学习,了解市面上都有哪些传感器,思考如何应用传感器设计监测电路。

把各式各样的传感器根据需要加以组合，就可以做些有趣的小制作。这一节我们所要做的就是"脑洞大开"！

课题1　水满了

设计一个小型的水位提醒装置。

思考：这个水位提醒装置可用在何处？下雨了能够提醒吗？快要下雨了，能够提醒吗？

课题2　风起了

设计一个小型的风速仪。

思考：有多少种方法可以感知风速？看看谁脑洞大。

课题3　天黑了

设计一个……

第 14 章

磁 咤 风 云

在第 13 章中我们做了很多与电有关的有趣实验,在这些实验中我们对电这个概念有了进一步的认识,这一章我们要学习的是磁。

"电磁之交"有电与磁不可分离的含义,要搞清两者之间的关系,我们就必须了解磁到底是什么。

§14.1 "吸引"还是"排斥",这是个问题

大家对"磁铁"两个字肯定非常熟悉,也一定知道指南针的功能。图 14 - 1 的各种指南针中,有你熟悉的款式吗?

图 14 - 1 各种各样的指南针

你是否对磁铁始终保持着好奇心？还是把磁铁当作玩具玩过后就丢在一边？磁铁在当今社会人们的日常生活中扮演了越来越重要的角色。大家仔细观察在周围常用的物品中,有哪些是有"磁"的呢?

从图14-2中可以看到,磁铁不管是长条型还是U字型,上面都有"N"和"S"字样,它们分别表示磁铁的一端为N极、另一端为S极。这两个字母分别代表英文单词"North"和"South",也就是北和南的含义。

图14-2 条形磁铁和马蹄形磁铁

实验探索 ▶▶

磁铁哪里的"胃口"最大

实验器材

条形磁铁和马蹄形磁铁,小铁钉(或大头针)30个。

实验步骤

(1) 分别将条形磁铁和马蹄形磁铁靠近小铁钉堆放的位置,发现:

_____

(2) 观察两种磁铁哪个位置吸附的小铁钉最多? 发现:

_____

实验结论

磁铁_____磁性最大,_____磁性最小。磁性最大的地方称为磁铁的磁极。

思考讨论

磁铁哪里的吸力最大? 磁极之间是怎样相互作用的?

大家是否在小时候就发现两块磁铁既可以相互吸引、也可以相互排斥? 当两块磁铁的N极和N极靠近时,或者S极和S极靠近时,两块磁铁之间会相互排斥;当两块磁铁的N极碰到S极时,两块磁铁之间总会相互吸引。

此外,磁铁能够吸引很多含铁的物体,如回形针、大头针等(图14-3)。磁铁为什么能吸引它们呢? 原来被磁铁吸引的物体被磁铁磁化,这些物体的磁化方向取决于磁铁的极性。

图14-3 磁铁吸引回形针

用磁铁吸引一枚铁钉,再用这枚铁钉去吸引其他含铁物体,可以发现这些含铁物体也能吸附在铁钉上。但是当把磁铁从铁钉上移开时,铁钉的磁性就会大大减弱,变得几乎没有。这样的"磁铁"称为暂时性磁铁。

为什么磁铁一直有磁性呢？这是因为我们平时在生活中接触到的磁铁都有特殊的微观结构，它们都是使用特殊的铁合金材料制成的，包括很多稀土元素。一直有磁性的磁铁称为永磁铁。

实验探索 ▶▶

吸引还是排斥

实验器材
两根条形磁铁。

实验步骤
(1) 将两根条形磁铁的红色两极相对，慢慢靠近，观察现象：
_____

(2) 将两根条形磁铁的蓝色两极相对，慢慢靠近，观察现象：
_____

(3) 将两根条形磁铁的红、蓝两极相对，慢慢靠近，观察现象：
_____

实验结论
_____
_____
_____

上面的实验似乎很简单，恐怕会有很多同学觉得简单，那么请回答下面的难题。

思考讨论

两根外表相同的棒状物，一根是磁铁，一根是普通的铁棒。如何不依赖其他物体，区分出磁铁和普通铁棒？

§14.2 "透视"磁铁

大家有没有好奇磁铁为什么有那么大的威力？如果把木头、玻璃或者塑料放在一堆回形针旁边,那些回形针根本不为所动,但是磁铁却能隔空对回形针施力。这是为什么呢?

材料的磁性取决于这种材料的原子(atom)结构,而所有的物质都是由原子构成的。原子是化学元素(element)能够存在的最小单位。目前科学家已经发现 100 多种化学元素,由这些化学元素组成自然界中所有的物质。

原子的中心是一个原子核(nucleus),原子核当中包括质子(proton)和中子(neutron),质子带一个正电荷。原子核外是一个或多个绕着原子核运动的电子,电子带有一个负电荷(图 14 - 4)。当它们绕着原子核做运动时,其自身也在旋转,它们的关系与太阳和地球的关系非常像。

运动的电子会产生磁场,正是电子的自旋运动和轨道运动,使得每一个原子都相当于一个微小的磁体。

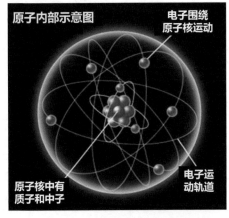

图 14 - 4　原子内部结构示意图

实验探索 ▶▶

组合和分开

实验器材

6 块长条小磁铁,5 个小钉子。

实验步骤

(1) 选取两块小磁铁互相靠近,观察到哪几种情况?

_____

(2) 将 6 块磁铁分成两组,每组互相吸引、形成一块大磁铁,两块大磁铁互相靠近,会有什么情况发生?

_____

(3) 如果把一块磁铁摔成两半,磁极分布会是什么样的?

_____

实验结论

_____

_____

_____

对绝大多数的材料来说,它们的原子磁场的指向是杂乱无章的,结果是整个磁场几乎

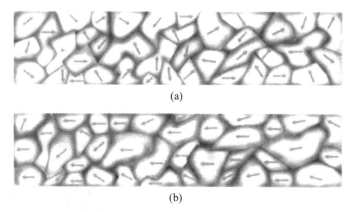

图 14 - 5　磁化的铁(b)和未磁化的铁(a)内部结构之间的对比

被完全抵消(图 14 - 5)。但是也有些材料,原子中的磁场排列得非常整齐。这样的几十亿个原子组成一个集团,这个集团被称为磁畴(magnetic domain),它就像一块很小的条形磁体。当材料未被磁化时,磁畴的指向是杂乱无章的,这样的材料并不显磁性。刚才所说的磁化过程就是将不规则的磁畴沿相同方向排列。

同名磁极相互排斥,异名磁极相互吸引,但一块磁铁不管如何切分,都始终包含 N 极和 S 极。是否能找到一块只有一个磁极的磁铁呢?现实中似乎并不存在。有些科学家认为这是一个有趣的问题,一直有人在理论和实验上试图研究突破。当然也有很多人否定它的存在。科学就是在研究、争辩、再研究、再争辩的发展过程中越来越清晰。

下面的简单介绍希望不要让你觉得物理太炫或太难。介绍中的一些晦涩词汇在这里也不做解释,因为大家的基础知识还远远不够,只能做个基本了解。

只有一个磁极的磁性物质称为磁单极子。英国物学家、诺贝尔奖获得者狄拉克(图 14 - 6)在 1931 年从数学上证明了磁单极子的存在,但遗憾的是,磁单极子至今未被实际发现。

物理学中的大统一理论预言:如果宇宙按通常认为的速度膨胀,早期应产生大量的磁单极子,而正负磁单极子的湮灭速度是有限的,今天仍然应当有足够的密度。如果在实验上真的找到了磁单极子,它将对物理学产生重要的影响。

图 14 - 6　狄拉克(1902—1984),英国物理学家

§14.3　磁铁周围的神秘力量

经过前面的学习,大家已经了解磁铁内部的情况,那么,磁铁的力量究竟是如何传递的,才可以使磁铁有如此强大的隔空吸引力和排斥力?

本节要介绍的就是磁场。大家通过 §14.1 节的实验可以发现,磁体的磁力并不局限于贴近磁极处,磁极周围都存在着磁力的作用。磁体周围具有磁力作用的区域被称为磁体的磁场。你能够联想到电荷周围是否有电场吗?你还能够联想到什么?

正是因为神奇的磁场存在,使得磁体之间没有经过接触也可产生吸引或排斥的现象。

实验探索 ►►

听话的小铁屑

实验器材

条形磁铁和马蹄形磁铁,铁粉,玻璃板。

实验步骤

(1)分别在条形磁铁和马蹄型磁铁上面盖上玻璃板,将铁屑均匀地撒在条形磁铁和马蹄型磁铁上面的玻璃板上。

(2)通过铁粉观察两块磁铁周围的磁场,并拍下照片、进行交流。

第13章中我们研究的是电,电荷有正负之分,同种电荷相斥,异种电荷相吸。电和磁是不是有相似之处?而且是不是也可以相互隔空施力?在你知道磁铁周围有磁场、电荷周围有电场,你会想到什么?如果你想到了电场和磁场很像,它们之间似乎应该有什么关系,那么你具有科学家善于联想、善于推理的基本潜质。

让我们通过磁流体艺术品和玩具体会磁场的存在和分布(图14-7)。

图14-7 磁流体艺术品和玩具

磁不仅在日常生活中运用得非常广泛,而且它还能够作为各种艺术品、玩具等的原材料。磁流体是一种新型功能材料,它既具有液体的流动性,又具有固体磁性材料的磁性。它是由直径为纳米量级的磁性固体颗粒、基载液、界面活性剂组成的一种液体。有兴趣的同学可以进一步深入研究,在教师的指导下用一些普通原料来研发仿磁流体,看看是否能够同样观察到磁场中的绚丽形状、做出自己心仪的工艺品。

实验探索 ▶▶

○○○○○○○○○○○○○○○○○○○○○○○○○○○○○○○○○○○○○

制作磁性黏土

实验器材

铁粉,橡皮泥,油,硼砂饱和水溶液,胶水。

实验步骤

(1)查资料了解有多少种方法可以制作磁性黏土。

(2)通过小组讨论确定选择其中的一种方法。

(3)动手制作磁性黏土。

(4)看看是谁能做出最有创意的磁性黏土。

(5)通过视频交流创意的磁性黏土玩法。

思考讨论

(1)观察欣赏磁流体艺术品和玩具,体会磁性世界的奇妙,讨论如何利用磁流体艺术品和玩具分析空间的磁场分布。

(2)了解磁流体的技术运用。

§14.4 永磁体真的永远有磁性吗?

永磁体虽然带个"永"字,但是当温度高到一定程度时,永磁体的磁性就会消失。恰好让永磁体磁性消失的这个温度界限值称为居里点(Curie point)或居里温度。用大家可能不懂的物理术语来说,就是"铁磁体从铁磁相转变成顺磁相的相变温度"。不过当温度降回居里点以下时,永磁体又恢复磁性。这一现象是19世纪末著名物理学家皮埃尔·居里(居里夫人的丈夫)(图14-8)在自己的实验室里发现的。不同材料的永磁体,具有自己特有的居里温度。科学怪才尼古拉·特斯拉设计了一个有趣的实验装置,命名为居里发动机。图14-9就是一个居里发动机[1]。

---

[1] 资料来源:清华大学物理演示实验室。

图 14 - 8 皮埃尔·居里
(1859—1906),法国著名物
理学家

图 14 - 9 居里发动机

思考讨论

(1) 这个装置为什么叫居里发动机?注意这个名称是由两个词组合而成。

(2) 请分别讨论为什么是"居里",为什么叫"发动机"。

利用居里点,能不能设计一些控制元件?日常生活中使用的电饭锅是如何利用磁性材料具有居里点这一特性来设计控温装置的?原来,在电饭锅的底部中央装有一块磁铁和一块居里点为 105 度的磁性材料。当锅里还有水时,浸在水里的食品温度不会超过100 度,而锅里的水一旦烧干,食品的温度将从 100 度上升。当温度上升至大约 105 度时,由于磁性材料的磁性消失,磁性材料和原来被吸的铁磁性物体之间的弹簧就会把它们分开,从而带动电源开关断开、停止加热。

思考讨论

(1) 根据电饭锅的控温装置原理,请画出装置示意图。

(2) 还有什么方法可以使永磁体的磁性消失?

§14.5　一个巨大的 "磁铁"

图 14－10　小磁针

世间磁铁千千万,能否从你身边找到一块看得见、摸得着的最大的磁铁? 在找到这块磁铁之前,不妨来看一下磁铁的古老的应用。

观察图 14－10 中的小磁针,可以发现它的涂装与图 14－2 中的磁铁有相同之处:红色表示 N 极,白色表示 S 极。

实验探索 ▶▶

"倔强"的小磁针

实验器材

4～5 块小磁铁,小磁针。

实验步骤

(1) 将小磁针放置在桌面上,观察小磁针的方向。转动小磁针,发现:

_____

(2) 在小磁针周围放置一块磁铁,观察小磁针的方向会发生什么变化? 小磁针的 N 极指向磁铁的_____。

实验结论

周围没有磁铁时,小磁针 N 极 "倔强" 地指向_____的_____极,也就是说,地球的_____极是地球这个大磁铁的_____极;而地球的_____极是地球这个大磁铁的_____极。

思考讨论

(1) 指南针为什么有时会出现指向错误?

(2) 当在野外发现指南针的指向突然异常时,说明了什么?

小磁针的指向会被磁性物质所干扰,当小磁针周围不存在磁性物质时,小磁针的 N 极始终指向北方,所以,可以认为在北方存在着磁铁的 S 极(图 14 - 11),而南方存在着磁铁的 N 极。人类从发现磁铁到现在已经有 2 000 多年的历史,所谓的指南针其实就是磁铁。早在 900 多年前,中国就发明了被列为四大发明之一的指南针,并且在航海中得以运用。司南(中国古代的一种指南针)就是中国古代人民带给世界的科技作品,也是宝贵的艺术品。

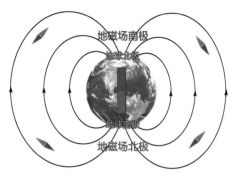

图 14 - 11　地磁场

指南针为什么会指南? 这是因为地球自身可以视为一个大大的"磁铁"。地磁场的一个极位在地理北极附近,另外一个极位在地理南极附近,于是整个地球形成一个巨大的"磁铁"。小磁针放在这么大的"磁铁"旁边,它当然会有一个固定的旋转方向。

有同学会问地磁场有什么用? 对于地球来说,地磁场实在是太重要了! 它相当于一把保护伞,如果没有地磁场,从太阳发出的强大带电粒子流(太阳风)将会直接轰击地球。

图 14 - 12　极光

此外,地磁场对于我们的日常生活也非常重要。在航行或者处于户外时,地磁场能够起到导航作用。小磁针会始终沿着固定的南北方向,这正是地磁场的"功劳",也是指南针能够指明方向的真正原因。

绚丽的极光是地磁场和太阳风共同创作的"艺术品"。图 14 - 12 是一张摄自北极附近的极光照片。

思考讨论

(1) 为什么说地磁场是地球的保护伞?

(2) 为什么极光只出现在地球的南北极附近?

§14.6　**不能没有磁**

磁在现代生活中的应用越来越广泛,如果想要拥有安全、快捷、高速、高效的生活,就不能没有磁!

§14.6.1 磁浮列车

大家一定听说过上海的磁悬浮列车(图14-13),它的运行路线是在上海浦东龙阳路至浦东国际机场之间。磁悬浮列车的特点是运行时不与地面轨道接触,从而达到极高的运行速度。上海的磁悬浮列车行驶速度可以达到430千米每小时。

图14-13 上海龙阳路磁悬浮列车

磁悬浮的原理简单来说有两点:一是当列车运行时,列车下方的电磁体极性与地面线圈产生的磁场极性相同,它们相互排斥,致使列车能够悬浮、避免摩擦阻力,从而实现"零高度飞行";二是列车头部由计算机控制的电磁体与轨道靠前一点的磁极相吸,同时与轨道靠后一点的磁极相斥,从而驱动列车前进。

思考讨论

磁浮列车的加速系统需要精度很高的计算机系统控制,才能保证正常加速。你知道要控制什么吗?

§14.6.2 磁轨制动

速度是运输工具发展过程中所追求的重要指标,通过轮轨接触运行的高速列车现在也能达到每小时350千米的速度。速度的提升虽然提高了运输效率,但是也带来了矛盾,怎样才能在必要时让高速行驶的列车更快地停下来?磁铁在此"大展身手"。在一些高速列车上装备了如图14-14所示的磁轨制动装置,制动时磁铁吸附到轨道上,产生的摩擦力能够阻碍列车向前运动,使列车能够更快地停下来。

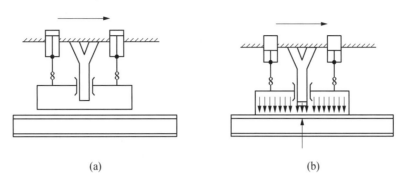

(a)　　　　　　　　　　　　　　(b)

图 14－14　列车磁轨制动原理,(a)和(b)分别为缓解和制动状态

思考讨论

　　(1) 根据图 14－14 的列车磁轨制动原理示意图,你知道图中哪里是轨道上的磁铁,哪里是列车上的磁铁? 它们分别是永磁铁,还是电磁铁? 它们是如何能够让列车尽快停下来的?

　　(2) 磁轨制动为列车提供了额外的制动力,你认为是否存在缺陷? 这种制动方式适用于哪些场合? 谈谈你的看法。

§14.6.3　磁力画板

磁力画板就像是可重复利用的"纸"。

实验探索 ▶▶

磁力画板

实验器材

磁力画板(图 14－15)。

实验步骤

(1) 在磁力画板这张可以重复利用的"纸"上进行动手试验。

(2) 观察磁力画板,分析它的工作原理。

图 14－15　磁力画板

实验猜测

画出磁力画板内部结构的示意图。

思考讨论

你是否认为磁力画板不是真正的彩色画板？可不可以设计出一个真正的彩色磁力画板？你有什么想法吗？

§14.6.4　磁力贴

在我们的生活中还有许许多多磁的运用，如冰箱上的冰箱贴、带有磁性的螺丝刀、商场中的防盗扣、黑板上的磁性图钉等。不过你是否注意到冰箱上还有一种"磁力贴"，它是冰箱能够正常工作必不可少的部件？它就是冰箱门上的＿＿＿＿＿＿＿＿＿＿＿＿＿。

§14.6.5　流行磁力积木

市场上有种磁力积木很流行，比如一种带有磁性的小球——巴克球，就可以设计出无数种带有艺术气息的结构。

图 14-16　碳 60 模型

巴克球在化学上其实是碳 60 的别称，碳 60 又称富勒烯（fullerene）、足球烯，它的外表很像一个足球（图 14-16）。它是由碳原子组成的一种天然分子，分子结构类似于巴克敏斯特·富勒所设计的某种圆顶，因而得名于巴克球，英文名为"Buckyball"。

磁性巴克球是由钕铁硼磁矿石经过加工之后形成的球状强磁。它利用磁极之间的相互引力，可以随意组成各种几何形状，当然也可以做出各种艺术造型[①]（图 14-17）。你可以发挥想象力，用你的创意来构造独一无二的作品。

---

① 图片来源：http://product.dangdang.com/1256574535.html。

这种磁性玩具巴克球的磁性十分强,如果将巴克球误吞入腹中,将十分危险,所以,千万不能把它给年幼的孩子玩!

实验探索 ▶▶

巴克球创意结构

实验器材

巴克球(100 粒)。

实验步骤

(1) 利用 100 粒巴克球搭建一个尽可能高的结构。

(2) 利用 100 粒巴克球搭建一个跨度尽可能大的结构。

(3) 发挥你的想象力,做出最有创意的巴克球艺术品。设计并搭建一个创意结构,看看谁搭建得最有艺术气息、最令人叹为观止。

图 14-17 巴克球创意作品

思考讨论

同学们还能发现现实生活中有哪些用到"磁"的地方?

第 15 章

电 动 生 磁

电和磁之间究竟有着怎样的关系？历史上科学家对这个问题展开大量的探索。

奥斯特的坚定信念

这里介绍的第 1 位是出生于 1777 年的丹麦物理学家奥斯特，他曾对物理学、化学和哲学进行过多方面的研究。那时有很多人在寻求电和磁之间的关系，奥斯特也是其中一人。大多数人的实验探索都失败了，但是奥斯特坚信自己的判断，电和磁之间一定有关系！在 1820 年 4 月的一次讲座上情形出现了转机，奥斯特成功地演示了电流磁效应实验，靠近导线的小磁针摆动了！这个微不足道的现象引起了奥斯特的注意。他做了进一步的研究，在导线周围放了好几个指南针，他发现只要一接通电源，指南针的指针就会环绕导线排成一个圈。

奥斯特在研究电与磁关系的问题上进行了开创性的工作，使电磁学研究进入迅速发展的时代，丹麦人民十分敬仰他。在 1961—1970 年丹麦发行的 100 克朗钞票上就印着奥斯特的头像，旁边的指南针寓意奥斯特第一个发现了电流可以使指南针偏转（图 15-1）。也就是说，奥斯特是第一个发现电流可以产生磁场的人！

图 15-1　纸币上的奥斯特

奥斯特的这一发现揭示了电和磁之间存在着某种不同寻常的关系,就让我们追寻奥斯特的足迹,不要畏惧失败,来揭开电与磁之间的真面目。

 **实验探索** ▶▶

听话的小磁针1：通电长直导线周围的磁场研究

实验器材

小灯泡,3根导线,电池,2~3个小磁针,开关。

实验步骤

(1) 参考图15-2,用导线串联小灯泡、开关和电池,将小磁针安放在你想要研究的位置。

(2) 不通电时记录小磁针的指向。

(3) 通电(注意每次通电时间不要超过1秒,考虑这样做的原因),并记录小磁针指向。

(4) 改变电池正负极的方向,观察小磁针指向的变化。

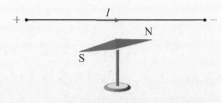

图15-2 研究通电长直导线周围磁场

(5) 将导线竖直放置,观察其周围小磁针的指向。

实验记录

画出不同情况下,通电长直导线周围小磁针N极的指向。

实验结论

_____

_____

_____

思考讨论

(1) 小磁针发生了什么变化?

(2) 与§14.5节中"'倔强'的小磁针"作比较,看看它们有什么内在的联系?

(3) 通过这个实验,你能发现电和磁之间有什么关系?

(4) 磁感线是反映磁场强弱和方向的线条,你能否画出通电导线周围的磁感线 (magnetic line)? 本书插图中已经出现过磁感线,你能找出来吗?

(5) 通电导线周围的磁场是怎样的? 它们遵循什么规律?

(6) 通电后小磁针是否总会发生偏转? 奥斯特实验失败的原因可能有哪些?

　　导线一旦通电,就在导线周围产生磁场,使得小磁针的指向能够发生偏转。当控制电路中的开关时,就可以控制这个磁场。所以,当我们利用导线中的电流来制造磁体时,就可以得到一个可控的磁场。

　　你也许会发现不少工业设备中铜线被绕成线圈,绕成线圈后电流的磁效应又会怎样? 如果我们将通电导线绕成螺线圈,周围的磁场会不会叠加?

实验探索 ▶▶

听话的小磁针 2：通电螺线管周围的磁场研究

实验器材

漆包线,电池,2~3 个小磁针,开关。

实验步骤

(1) 用刀片刮掉漆包线两端的漆膜。

(2) 将漆包线绕成一个较大的螺线圈,若圈圈依次排开成管状,那就是物理学中的螺线管(图 15-3)。

(3) 将漆包线的一端连接到 1 号电池,将另一端连接开关,并将开关连接至电池。

(4) 短接开关,使电路的闭合时间不要超过 2 秒(想一想为什么这样做?)

(5) 将小磁针放在螺线管周围的不同位置,观察小磁针的指向。

(6) 改变电流的方向(如何改变电流方向?),观察小磁针会发生什么变化?

(7) 通电螺线管周围的磁场又是怎样的? 它们遵循什么规律?

图 15-3
螺线管

实验记录

画出当通电螺线管中电流的流向不同时周围小磁针的指向。

实验结论

_____

_____

_____

思考讨论

(1) 小磁针发生了什么变化？

(2) 与"听话的小磁针"实验做对比,看一看它们的现象有什么内在的联系？

(3) 通过这个实验你能发现电和磁之间有什么关系？

(4) 如何判断通电螺线管 N 极和 S 极的位置？

(5) 你能否画出通电螺线管周围的磁感线？

对于通电长直导线或螺线管而言,可用右手定则进行判断(图 15 - 4)。

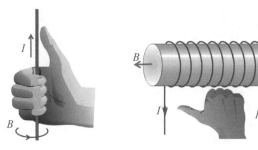

图 15 - 4　右手螺旋定则

对于通电长直导线,用右手握住通电直导线,大拇指指向电流方向,那么,弯曲的四指就表示导线周围的磁场方向;

对于通电螺线管,用右手握住通电螺线管,弯曲的四指指向电流方向,那么,大拇指的指向就是通电螺线管内部的磁场方向。

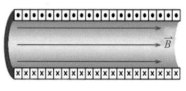

图 15-5 通电螺线管中的磁场

通电的直导线周围产生的磁场,是绕着导线呈同心圆环状的。若将导线绕成一个个线圈,那么导线周围的磁感线就在这个圈中通过叠加变成了一束(图 15-5)。如果在上述实验中增加线圈的匝数,随着线圈的圈数增加,其周围的磁场强度也相应地增加。

将通电导线绕成线圈后,线圈的两端有两个磁极,就像普通条形磁铁一样,一端为 N 极,另一端为 S 极。当改变电流方向时,磁极也相应改变。由此可见,可以通过控制电流来控制通电螺线管的磁场大小和方向。

思考讨论

利用电流可以控制电磁铁,它有哪些用途?

§15.2 安培研究的不断深入

法国物理学家安培听说奥斯特的发现后很是激动,他在第 2 天就重复了奥斯特的实验,并进行了更深入的研究。安培想电流可以代替磁体,对另一个磁体产生作用,那么,另一个磁体如果也用电流代替,是不是就可以看到电流和电流之间的作用力呢? 电流和电流之间是不是也会发生相吸和相斥呢?

思考讨论

你猜猜安培做了哪些实验? 你是不是也可以来做一做?

安培做了一系列实验,并进行了理论研究,他在电流之间相互作用力方面,得出了著名的安培定律。

大家已经知道,磁铁无论怎么分都会存在 N 和 S 两极,这到底是为什么呢? 安培提出的假说恰好能解释这个现象,因此后人将其命名为"安培分子电流假说(Ampere's molecular current hypothesis)"。图 15-6 是安培分子电流假说示意图。

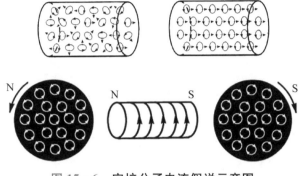

图 15-6 安培分子电流假说示意图

思考讨论

安培分子电流假说:

(1) 物质中存在着很多小小＿＿＿＿＿＿形的分子电流;

(2) 每个分子电流都相当于一个小小＿＿＿＿＿＿;

(3) 当物质没有被磁化时,所有的分子电流"小磁铁"指向杂乱无章;

(4) 当物质被磁化后,所有的分子电流"小磁铁"指向一致,物质显示宏观磁性。

安培分子电流假说说明两点:

(1) 一切磁现象起源于＿＿＿＿＿＿;

(2) 每一个分子电流都存在两个面,所以磁极 N 或者 S 不可能＿＿＿＿＿＿。

安培从小就学习努力,读书废寝忘食,知识渊博,兴趣广泛,并且善于理论结合实践。爱因斯坦说:"科学家必须在庞杂的经验事实中间,抓住某些可用精密公式来表示的普遍特征,由此探究自然界的普遍原理。"安培就是这样的一位科学家。为了纪念他,人们用"安培"作为电流强度的单位。东德 1975 年 3 月 18 日发行的一套"著名人物"邮票中就有安培(图 15-7)。

图 15-7 邮票中的安培

§15.3 电磁大力士

电流的磁效应在工业中有着重要的应用。最常用的当属废物处理厂,当线圈通电时,电磁铁"大力士"可以吸起钢铁碎片,将这些碎片搬到指定位置后再把电源断掉进行处理,起到分类整理、深度加工的作用。下面我们就来通过"谁是大力士"这个实验来探究通电螺线管的磁场与哪些因素有关。

实验探索 ▶▶

谁是大力士

实验器材

漆包线,若干铁钉,开关,电池,导线,电池盒,若干回形针等。

实验步骤

(1) 将漆包线的两端用刀片刮掉上方的薄膜。

(2) 将漆包线绕在铁钉上。

(3) 将漆包线的一端连接到 1 号电池,另一端连接开关,并将开关连接至电池。

(4) 短时间接通开关,使电路的闭合时间不要超过 2～3 秒(想一想为什么这样做?)

(5) 将回形针靠近铁钉。

实验记录

(1) 每次增加一枚回形针,看看最多可以吸引多少回形针?

_____

(2) 增加或者减少线圈所绕的圈数,看看吸引回形针的情况。

_____

(3) 增加铁钉的数量,看看吸引回形针的情况。

_____

(4) 增加一节电池(需请教老师以免遇到危险),看看吸引回形针的情况。

_____

实验结论

_____

_____

_____

思考讨论

(1) 干电池的数量对这个实验有什么影响?

（2）电磁铁的磁力大小和什么因素有关？

（3）电磁铁的磁场方向和什么因素有关？

　　通过第 14 章的学习，已经知道铁芯可以被磁化成磁铁。一个有铁芯的螺线管可作为电磁铁，电磁铁拥有的磁场是非永久性磁场，可以随着开关闭合进行控制。产生的磁场是铁芯的磁场和通电螺线管的磁场的叠加，这样的磁场比通电螺线管单独产生的磁场要强很多。

　　至于怎样根据需要增强电磁铁的磁性，想必大家通过上述实践研究，心中一定有了自己的想法。不过要注意的是，导线中的电流不能一味加大，因为电流会使导线发热，电流过大，导线过热，就会烧坏电器，甚至引起火灾。一般情况下，导线越细，允许通过的安全电流就越小。

　　在第 14 章中也说到磁的用途，生活中有没有其他综合利用电和磁进行工作的物品和装置？大家认识图 15 - 8 中的物品吗？

图 15 - 8　电磁的部分应用

实验探索 ▶▶

电磁发掘者

实验器材

记录纸，笔，电脑，相关书籍。

实验步骤

（1）观察身边使用电流的磁效应运作的物品，物品的种类不限。

（2）根据找到的相关物品，使用自己所能掌握的信息搜集方法来查找物品的工作原理、实现方式。

（3）以实验报告或者绘图的方式来表述自己对这种物品的理解。

实验记录

你的理解应该包括该物品的大致介绍、工作原理、典型应用,以及该物品在未来的发展前景。

实验提示

如走廊上的电铃、磁带、硬盘、磁卡等,尽量与其他同学观察到的物品不同。

§15.4　不停地旋转

通过§15.3节的"电磁发掘者"实验,你一定观察到生活中的很多东西并了解了许多相关知识。通过众多"电磁发掘者"采集的报告和数据,大家可以看到电的另一大重要用途,就是电能产生运动。我们先来做个实验。

实验探索 ▶▶

无形的推力

实验器材

漆包线,导线,开关,电池盒,电池,马蹄形磁铁,尺。

实验步骤

(1) 想办法将尺固定在高处(也可以进行小组配合,由一位同学举着)。

(2) 参考图15-9,将漆包线绕成矩形框,连接好相应的电路,注意在矩形框两端分别留出30厘米左右的导线。

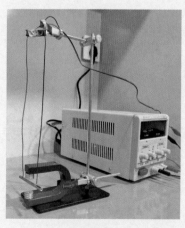

用矩形线圈替代金属棒,匝数多效果好

（a）　　　　　　　　　　（b）

图 15-9　推力来自磁和电流的相互作用

（3）将矩形框悬挂在尺上，使其能够像秋千一样自由摆动。

（4）将矩形框下边放进一块马蹄形磁铁中间磁场最强处，接通开关，观察电磁铁发生的现象。

实验记录

记录电磁铁的摆动幅度、方向、频率和哪些因素有关。

_____

_____

_____

思考讨论

你观察到什么现象？通过控制变量能得到什么结论？撰写实验报告。

在第14章中已经学过两个磁体能够相互吸引或排斥，这是两个磁体之间的运动；在第15章中已经学过通电的导线能够产生磁场，这个磁场和磁铁的磁场相同。结合刚才的实验结论，观察图15-9，当电流通过导线时，会有一股力量使导线运动；当改变电流方向时，导线会朝相反的方向运动。

作用力等于反作用力，既然通电导线能对小磁针产生力的作用，使之发生偏转，那么，相应地通电导线或线圈也会受到磁力的作用，借助这一原理人类发明了电动机。电能是一种清洁的能源，与化石燃料相比，使用时不产生温室气体和其他有毒有害气体。电动汽车、高速列车等运输工具上普遍装备了电动机，将电能转换为动能进行机械传动。电动机外壳下的结构究竟是怎样的呢？我们对其进行"解剖"来看个究竟。

实验探索 ▶▶

搞破坏 探究竟

实验器材

直流电机，螺丝刀，小磁铁。

实验步骤

(1) 用螺丝刀撬开直流电机外部的挡片,观察其内部构成。

(2) 用小磁铁试探其内部材料特性。

(3) 绘制电机内部结构示意图。

现象观察

画出电机内部结构示意图。

总结

_____

_____

_____

通过以上实验过程,可以对直流电机的内部结构和原理有些初步认识,大家是否想自己制作一个直流电机呢?

图 15-10 是几个简易电动机的样例,是不是动手试一试?

(a)

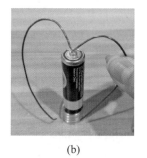
(b)

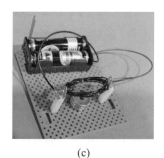
(c)

图 15-10 简易电动机示例

实验探索 ▶▶

自制不停旋转的简易电动机

实验器材

漆包线,小磁铁,木条若干,电池,电池盒,木工胶水或双面胶,带孔垫片,滑动变阻器。

实验步骤

学做图 15 - 10(c)的圆线圈电动机。

(1) 将铜线绕成线圈,一端刮去绝缘漆,一端刮去一半绝缘漆(讨论是怎样的一半),两端插入带孔垫片内。

(2) 用木头和木工胶水制作电机架,并将垫片黏贴其上。

(3) 接通电源,观察线圈的运动状态。

(4) 改变线圈匝数,观察线圈转速的变化。

(5) 将滑动变阻器串联入电路,改变阻值,观察转速变化。

实验记录

_____

_____

_____

§15.5　与上帝对话

2013 年 3 月,欧洲核子研究中心宣布探测到被称为"上帝粒子"的希格斯玻色子(Higgs boson),发现这一粒子的前提条件是使两个接近光速的质子(带正电荷)进行对撞。地球赤道的周长是 4 万千米,若粒子以接近光速运行,每秒钟可绕地球赤道 6~7 圈,这样的实验应该如何开展? 此时,磁场发挥了它的作用。图 15 - 11[①] 是位于瑞士日内瓦的欧洲强子对撞机(hadron colliders),白色的环是高能粒子的运行通道,位于地下。

图 15 - 11　欧洲强子对撞机

---

① 图片来源:http://blog.sina.com.cn/s/blog_bf6ba7850102wadu.html。

　　强子对撞机通过大量的超导磁铁所产生的磁场使高能粒子发生转向,从而按照圆形轨道运行并碰撞,减少了占地面积。下面通过阴极射线管演示实验来观察磁场使带电粒子偏转的特性。

实验探索 ▶▶

带电粒子在磁场中的偏转特性

实验器材

阴极射线管(图 15－12),磁铁,直流高压电源。

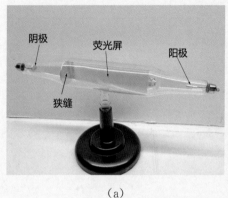 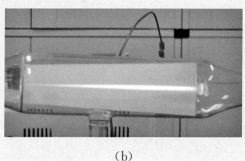

(a)　　　　　　　　　　　　　　　(b)

图 15－12　阴极射线管及示意图

实验观察

(1) 观察工作中的阴极射线管,了解阴极射线管的工作原理。了解电子束是如何激发出绿色荧光,以及为什么要激发出绿色荧光。

(2) 观察磁铁使电子束偏转的规律。

(3) 将观察现象记录在表格中。

实验记录

_____

_____

_____

思考讨论

　　磁场能改变粒子的运动方向,但不能改变粒子的速度大小吗?查阅资料看看有什么方法能使粒子加速?

第 16 章

磁 变 生 电

大家认识了电,又认识了磁,知道电能产生磁,看到电磁之间的微妙关系。鸡生蛋,蛋生鸡,电生磁,磁能否生电呢? 本章将探讨磁感应生电的问题。

§16.1 "世界末日"话磁暴

我们知道地球是块大磁铁,这块大磁铁所产生的磁场是把保护伞,能够阻挡来自宇宙的射线和带电粒子,让人类和其他生物得以生存。但是,地球好比是宇宙大洋中的一艘小帆船,海面不时会有风浪,帆船也会随之摇晃。对地球影响最大的"风浪"来自太阳,每隔若干年,太阳活动就会进入一次高峰期。处于活动剧烈期的太阳会辐射出大量紫外线(ultraviolet)、X 射线(X-ray)、粒子流和强射电波(radio wave)。

这样剧烈的太阳活动对人类栖息的地球会有怎样的影响? 伴随着若干年一次的太阳风暴,各种关于世界末日的影视作品和报道也会爆发,其中最有名的当属美国灾难片《2012 世界末日》,影片通过激发人们的恐慌心理而赚取了高额票房(图 16-1)。"世界末日"真的会发生吗? 我们还是要回归科学和理性。

图 16-1 《2012 世界末日》电影海报

在第 15 章中,我们探索了电流的磁效应,当来自太阳的带电粒子高速射向地球时,也会有磁场产生,并对地球磁场产生扰动,这一扰动称为磁暴(geomagnetic storm)。

实验探索 ▶▶

运动的带电粒子有磁效应

实验器材

阴极射线管,高压电源,_____。

实验准备

因为实验中使用高压电源,所以必须在教师严格指导下进行。

(1) 观察工作状态下的阴极射线管,思考如何证明阴极射线有磁效应。

(2) 讨论如何演示运动的带电粒子有磁效应,并尝试验证。

图 16 - 2　加拿大魁北克大停电中被烧毁的电力系统

频繁的磁暴会导致地震和火山运动的高发,人类有记录以来尚没有导致全球毁灭性灾害的磁暴发生,更多的影响是对人类现代通讯和电力系统的"打击",其中最著名的当属 20 世纪 80 年代末加拿大魁北克大停电事件(图 16 - 2①)。在 1989 年 3 月 13 日,一次日冕物质抛射所引发的磁暴袭击了加拿大魁北克地区的电网,电厂中大量的变压器线圈被瞬间烧毁,导致该地区出现大范围的断电事故,受直接影响的居民人数达到 600 万人。磁暴为什么会造成大规模停电呢?

§16.2　无中生有

第 15 章讲到电动机的运转是因为电流产生机械能,使电动机发生转动。反过来,运动能够产生电能吗?我们知道通电导体会产生磁场,即电可以生磁。那么,磁可以生电吗?

如果你认为自然界的规律往往具有一定的对称性,电能生磁,磁就很可能生电,值得研究,那么,你很了不起!因为在这一点上,你的想法和法拉第是一样的。

电磁感应(electromagnetic induction)规律发现的功劳属于法拉第。迈克尔·法拉第(Michael Faraday,1791—1867)是英国物理学家、化学家,也是一位著名的自学成才的科

---

① 图片来源:http://tech.qq.com/a/20090311/000069_7.html。

图 16－3 法拉第(1791—1867)，英国物理学家和化学家

学家(图 16－3)。

奥斯特发现电生磁，它的逆效应磁生电是不是可能？当年有一些科学家对此很感兴趣，法拉第就是其中的一位。

法拉第开始的实验是把磁铁放在导线近处，希望在导线中感应出电流，但是事与愿违；换成尽可能强的大磁铁，也不行；换成电磁铁，还是不行。当时法拉第经常在口袋里放一个小线圈(图 16－4)，提醒自己不要忘记思考磁生电的问题。一直到1831 年，法拉第终于成功地做出磁生电实验，并总结出关于磁生电定量关系的法拉第电磁感应定律。

图 16－4 法拉第用过的线圈

实验探索 ▶▶

"无中生有"

实验器材

线圈，条形磁铁，支架，万用表，开关，导线。

实验步骤

(1) 将线圈的两端分别接在万用表上，并将万用表调节在较为灵敏的电流档。

(2) 把磁铁从线圈的上方快速穿过线圈，注意观察电流表的读数是否发生变化。

(3) 让磁铁留在线圈中不动，观察电流表的读数有何变化。

(4) 把磁铁从线圈中快速地抽出，观察电流表的读数又有何变化。

思考讨论

(1) 电流表指针的读数可以说明什么?

(2) 电流表读数的正负又能说明什么?

(3) 你能给电磁感应下一个定义吗?

实验探索 ▶▶

"无中生有"的条件

实验器材

线圈,马蹄形磁铁,支架,电流表,开关,导线。

实验步骤

(1) 将漆包线做成一个线圈。将开关、导线、线圈与电流表连成串联电路,闭合开关,让线圈在磁场中静止,观察电流表的读数。

(2) 使线圈沿着磁感线的方向运动,观察电流表的读数。使线圈垂直于磁感线方向运动,观察电流表的读数。

(3) 断开开关,重复上述操作,记录实验现象,整理后填入表 16 - 1 中。

表 16 - 1 **实验记录表**

电路状态	线圈相对磁感线运动情况	电流表的读数
闭合	静止	
	平行磁感线运动	
	垂直磁感线运动	
断开	静止	
	平行磁感线运动	
	垂直磁感线运动	

思考讨论

电磁感应产生的电流称为感应电流(induced current)。

(1) 电路的闭合情况与电流表的读数有什么关系?

(2) 相对磁感线的运动情况与电流表的读数有什么关系?

(3) 电流产生的条件是什么?

 实验探索 ▶▶

○○○○○○○○○○○○○○○○○○○○○○○○○○○○○○○○○○○○○○○

影响感应电流方向的因素

实验器材

线圈,马蹄形磁铁,支架,电流表,开关,导线。

实验步骤

(1) 将开关、导线、线圈与电流表连成串联电路,闭合开关,使线圈垂直于磁感线向内运动,观察电流表读数的正负。

(2) 使线圈垂直于磁感线向外运动,观察电流表读数的正负。

(3) 改变磁场方向,重复上述操作,观察电流表读数的正负。记录实验现象,整理后填入表16-2中。

表16-2 **实验记录表**

磁场方向	导体切割磁感线方向	电流表读数的正负
自下而上	向内	
	向外	
自上而下	向内	
	向外	

思考讨论

感应电流的方向与哪些因素有关?

影响感应电流大小的因素

实验器材

电流表,矩形线圈,马蹄形磁铁,导线。

实验步骤

(1) 将导线、线圈与电流表连成串联电路,闭合开关,让矩形线圈的底边在磁场中做切割磁感线运动,先使底边运动的速度较为缓慢,观察电流表的最大示数。

(2) 逐渐加大底边切割磁感线的速度,观察电流表的最大示数。记录实验现象,整理后填入表16-3。

表16-3　实验记录表

导体切割磁感线运动的速度	实验现象	
	电流表的最大示数	感应电流的大小
速度越大		
速度越小		

思考讨论

感应电流的大小与哪些因素有关?

　　通过上面几个小实验可以发现:当我们拿着线圈不动时,电流表没有显示;如果把线圈上下移动,电流表就会显示出电流,而且这个电流是在没有电池以及其他外接电源的情况下所产生的,可谓"无中生有",不过千万不要以为这是真的无中生有。

思考讨论

上述实验中的电能是由什么能量转换而来的？由此结论你会产生什么联想？

上面几个实验都是用磁铁来产生电流，而且磁铁的运动也是决定是否产生电流的重要原因之一。当闭合回路的一部分导体做切割磁感线运动时，在导体中会产生电流。电磁感应就是导体和磁场发生相对运动而产生电流的过程，它产生的电流就是感应电流。

思考讨论

你能否解释磁暴为何会破坏人类的电力系统？

磁暴发生时，地球磁场剧烈扰动，地表会感应产生电场。通常把地面的电势看为零，相当于电池的负极。工业设备通常有接地端，磁暴发生时由于电场的作用，不同接地端的电势不等，相当于额外连接了一个电池，这时就会有电流从大地流入工业设备而造成破坏(图16-5)。这一电流被称为地磁感应电流(GIC)。

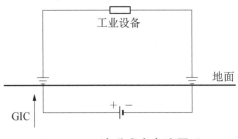

图 16-5 地磁感应电流原理

磁暴和太阳活动又被称为空间天气，凭借现有的技术手段已经能够进行预测。登录中国国家空间天气监测预警中心网站(http://www.nsmc.cma.gov.cn/NewSite/NSMC/Channels/100009.html)，就可以了解近期和未来的太阳活动或磁暴情况(图16-6)。

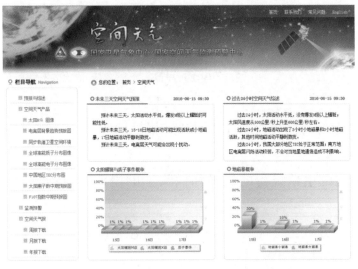

图 16-6 国家空间天气监测预警中心网站

思考讨论

通过以上网站,你能了解到有哪些反映空间天气的指标?它们分别代表什么含义?今天的空间天气怎样?

§16.3　自己来发电

对太阳活动的认识,让我们惊出一身冷汗,也让我们认识到磁场的变化会感应出电流,也就是磁能生电。这一原理还有很多有益的应用,比如发电。

既然导体和磁场发生相对运动时可以产生电流,平时家中使用的电是怎么产生的?是不是也是通过导体切割磁场来产生的呢?本节将会解答这些问题,并且让大家自己动手做个发电机。

既然说到发电机,就必须先提一下交流和直流。通过刚才的实验我们知道,线圈的运动方向决定电流沿着哪个方向流动。也就是说,感应电流的流动方向可能保持不变,也可能发生改变。当把线圈放在磁场中上下反复运动时,会发生什么现象呢?

线圈中的感应电流也会反复地改变方向,这样的电流就是交流(也称 AC)。在电路中,来回运动的电荷形成的电流就是交流,平时家用电器大多数都是使用这样的交流电。

相反,如果电流中的电荷只沿着一个方向流动,这样形成的电流叫做直流(也称 DC)。什么样的电路产生直流电呢?我们可以看一下手边的电池以及之前我们搭建过的电路,在这样的电路中产生的电流就是直流。

实验探索 ▶▶

"觅迹寻踪"

实验器材

身边的电器设备的机身和插头,纸和笔,相机。

实验步骤

(1) 寻找身边的电器设备的机身和插头上的电源信息(需要在父母的指导下进行)。

(2) 用拍照的方式记录下来,并指出哪些电器设备使用交流电,哪些使用直流电。

实验记录

_____

_____

_____

实验提示

(1) 可以寻找如手机充电插头、笔记本电脑插头、电器说明书等。

(2) 直流和交流标志如下:

 直流用   交流用

思考讨论

为什么有些电器设备的电源插头特别大?

实验探索 ▶▶

〇〇〇〇〇〇〇〇〇〇〇〇〇〇〇〇〇〇〇〇〇〇〇〇〇〇〇〇〇

发电还是用电

实验器材

2 只小电机,4 根导线,2 节 5 号电池,1 个电池盒,1 个小灯泡,2 个皮带轮,1 条皮带,若干木条。

实验步骤

(1) 组装如图 16-7 所示的实验装置,注意电机轴端通过皮带连接。

图 16-7 发电机与电动机的联动

　　(2) 1个电机通过导线连接小灯泡,另1个电机与电池相连。观察灯泡是否亮暗。

　　(3) 将两个电机的位置进行交换,观察实验现象。

实验结论

_____

_____

_____

思考讨论

你能区分实验中哪个是电动机、哪个是发电机吗?

　　从以上实验可以看出电动机和发电机的结构和原理在本质上是相同的,前者能够将电能转化为动能,后者则将动能转化为电能。根据这一原理,电动汽车、高速列车、地铁车辆等现代电动交通工具普遍采用再生制动技术,在加速的时候,电动机"扮演"着电动机的角色,而当减速的时候,则"扮演"发电机的角色,将动能转化为电能返回动力源。

　　发电机是能够产生电能的装置。电动机通过电流产生运动,发电机则通过运动产生电流。

实验探索 ▶▶

自己来发电

实验器材

1个直流电动机,若干电线,1只LED发光二极管,齿轮组(可选),胶枪,手柄(可以用相似物品代替,如风叶)等。

实验步骤

(1) 根据已经学习过的电路知识,将上面的材料组成一个串联电路。

(2) 想办法装上手柄,并摇动手柄。或者装上自制风叶,做成风力驱动。

(3) 观察 LED 发光二极管,由小组合作测出 LED 两端的电压。

(4) 如进行定量或半定量研究,请自行设计装置、记录实验现象、绘制实验记录表。

实验记录

_____

_____

_____

思考讨论

(1) 怎样看待马达在电动机和发电机之间的角色转换?

(2) 转动的快慢与亮度和电压有什么关系?

§16.14 "叛逆"的电与磁

既然磁变生电,磁场变化和感应所产生的电流又有什么关系呢? 感应电流具有怎样的性质? 不妨通过下面的两个实验探索来了解和研究。

实验探索 ▶▶

探索1:电磁阻尼摆

图16-8[①]是电磁阻尼摆实验仪。我们可以利用一些方便获得的材料来研究磁阻尼现象,如图16-9所示,除了必要的磁铁之外,可以用铜硬币、铝箔和美发用的铝梳子等设计电磁阻尼摆实验。

---

① 图片来源:https://b2b. hc360. com/supplyself/80447287107. html。

图 16 - 8 　电磁阻尼摆实验仪　　图 16 - 9 　自行搭建磁阻尼摆可以用的材料

实验器材

导线,胶带,电流表,＿＿＿＿＿＿＿＿＿＿＿＿＿＿＿＿＿＿＿＿＿＿＿＿＿

＿＿＿＿＿＿＿＿＿＿＿＿＿＿＿＿＿＿＿＿＿＿＿＿＿＿＿＿＿＿＿＿＿＿＿＿。

实验步骤

(1) 拨动摆锤,观察它的运动趋势。

(2) 借助玻璃胶,将导线连接在摆锤的两点,并与电流表相连。观察摆锤摆动过程中电流表指针的偏转变化。

实验记录

＿＿＿＿＿＿＿＿＿＿＿＿＿＿＿＿＿＿＿＿＿＿＿＿＿＿＿＿＿＿＿＿＿＿＿＿

＿＿＿＿＿＿＿＿＿＿＿＿＿＿＿＿＿＿＿＿＿＿＿＿＿＿＿＿＿＿＿＿＿＿＿＿

＿＿＿＿＿＿＿＿＿＿＿＿＿＿＿＿＿＿＿＿＿＿＿＿＿＿＿＿＿＿＿＿＿＿＿＿

实验结论

＿＿＿＿＿＿＿＿＿＿＿＿＿＿＿＿＿＿＿＿＿＿＿＿＿＿＿＿＿＿＿＿＿＿＿＿

＿＿＿＿＿＿＿＿＿＿＿＿＿＿＿＿＿＿＿＿＿＿＿＿＿＿＿＿＿＿＿＿＿＿＿＿

＿＿＿＿＿＿＿＿＿＿＿＿＿＿＿＿＿＿＿＿＿＿＿＿＿＿＿＿＿＿＿＿＿＿＿＿

探索 2:被覆盖的磁极

国际青年物理学家竞标赛简称 IYPT(International Young Physicists' Tournament)。2015 年的比赛中有一道研究题,标题为"被覆盖的磁极",题目内容如下:

Place a non-ferromagnetic metal disk over an electromagnet powered by an AC supply. The disk will be repelled, but not rotated. However, if a non-ferromagnetic metal sheet is partially inserted between the electromagnet and the disk, the disk will rotate. Investigate the phenomenon.

将英文的题目内容译成中文如下：

将一个非铁磁性的金属碟放在通交流电的电磁铁上，金属碟会排斥但不会旋转。但如果一块非铁磁性的金属薄片被部分插入两者之间，金属碟会旋转。研究这个现象。

图 16 - 10 是题目给出的参考。你敢尝试这道题目吗？这其实已经是一个不算小的研究课题了。如何来完成这样的研究课题？请寻求教师或相关科研人员的帮助。

图 16 - 10　被覆盖的磁极

思考讨论

结合以上实验的现象和原理，你能否说出或者设计一个可实际应用的发明？

关于电与磁，我们的研究暂时到这里。在一步步了解电与磁亲密关系的过程中，大家对于科学研究的精神和方法，一定会有自己的体会。

电与磁在人类生活中扮演了十分重要的角色，对电与磁及其应用的研究还在不断深入，人类更美好的未来正在等待我们来缔造。

图书在版编目(CIP)数据

NEW 物理探索　走近力声光电磁/关大勇,吴於人主编.—上海:复旦大学出版社,2018.5
(2022.5重印)
(未来科学家培养计划　科学启蒙·探索·研究系列)
ISBN 978-7-309-13352-3

Ⅰ.N…　Ⅱ.①关…②吴…　Ⅲ.物理学-青少年读物　Ⅳ.04-49

中国版本图书馆 CIP 数据核字(2017)第 262545 号

NEW 物理探索　走近力声光电磁
关大勇　吴於人　主编
责任编辑/梁　玲

复旦大学出版社有限公司出版发行
上海市国权路 579 号　邮编:200433
网址:fupnet@ fudanpress.com　http://www.fudanpress.com
门市零售:86-21-65102580　团体订购:86-21-65104505
出版部电话:86-21-65642845
上海丽佳制版印刷有限公司

开本 890×1240　1/16　印张 17.25　字数 356 千
2022 年 5 月第 1 版第 3 次印刷

ISBN 978-7-309-13352-3/O·649
定价:89.00 元